Jorge Martin González Reymond

EL ARTE DE ACERCAR A LOS HUMANOS

Editorial Letranovel

Título original: El arte de acercar a los humanos
© Jorge Martin González Reymond
Diseño de portada: Jorge Martin González Reymond
Correctora de estilo: Leydy Hernandez Bitor.
ISBN: 9798356476204

Editorial Letranovel
Stockholm 2022.
www.letranovel.com

La neurociencia es, por mucho, la rama más excitante de la ciencia, porque el cerebro es el objeto más fascinante del universo. Cada cerebro humano es diferente, el cerebro hace a cada ser humano único y define quién es.

Stanley B. Prusiner

PRÓLOGO

El ser humano es un ente complejo. De estudiar de una forma integral sus características físicas como animales y de su cultura como único rasgo no biológico que posee, se encarga desde tiempos inmemoriales la antropología, intentando abarcar las estructuras sociales donde los humanos nos desarrollamos.

Pero hay cosas que se le escapan a esta ciencia y es la explicación de los procesos mentales de los individuos y de los grupos humanos en distintas situaciones y ahí entra en juego la psicología explorando conceptos como el funcionamiento del cerebro, la percepción, la atención, la motivación, la emoción, la inteligencia, el pensamiento, la personalidad y las relaciones personales. En otras palabras, una explica el cómo y la otra intenta decirnos el por qué.

Cuando leí este libro me quedé perpleja al ver como el autor ha sido capaz de mezclar de forma magistral antropología y psicología en un lenguaje tan sencillo que cualquier ser humano puede entender, sin perderse en los complicados entresijos de la antropología filosófica, la psicología fisiológica o el psicoanálisis, por solo citar unos ejemplos.

En las ciencias humanas y sociales los fenómenos no solo no se pueden repetir controlada y artificialmente, sino que son, por su esencia, irrepetibles. De ahí que encontrar una verdad absoluta de cómo actuamos se torna una tarea difícil.

La psicología no es una ciencia unitaria, hay diversas corrientes con sistemas conceptuales y metodológicos que pueden coincidir o no. Lo mismo podría pasar con este ensayo, pero a mi juicio el autor emplea métodos empíricos cuantitativos y cualitativos de investigación para analizar el comportamiento humano a su alrededor en un período de un cuarto de siglo.

Está claro que se trata de un autodidacta que sabe de qué habla y documenta bien sus enfoques en un intento por explicar el mundo que le rodea, primero para sí mismo y luego a los demás.

Cabría llamar la atención de la comunidad científica al enfoque tan interesante de este libro pues a fin de cuentas el autor ha hecho lo de siempre, obtener nuevos conocimientos, a través de la observación sistemática, experimentación y la formulación de hipótesis que a fin de cuentas son características de un método científico válido.

Yaimé Valdés Rebollar
Licenciada en Psicología
en la Universidad de la Habana.

Índice

El cerebro humano ¿Cómo funciona?............	09
El cerebro superior...................................	12
El Cerebelo..	15
El cerebro límbico.....................................	18
¿Por qué se acercan los seres humanos?.........	19
El roce social.	22
El roce sexual..	25
El secreto de la felicidad en la pareja	29
El equilibrio biológico..............................	31
El equilibrio social....................................	35
¿Por qué se separan los seres humanos?	37
Desequilibrio biológico-social...................	40
El orgullo...	42
La envidia...	44
El miedo..	46
¿Por qué existen personas homosexuales?......	53
El origen de la homosexualidad...............	55
La personalidad humana...............................	61
El carácter...	64
La vocación...	67
Las relaciones humanas.................................	69
Los reencuentros.......................................	73
Las cartas	74
Los correos electrónicos...........................	76
La comunicación	78

El estrés y nuestro balance............................ 81
Las redes sociales.................................. ... 93

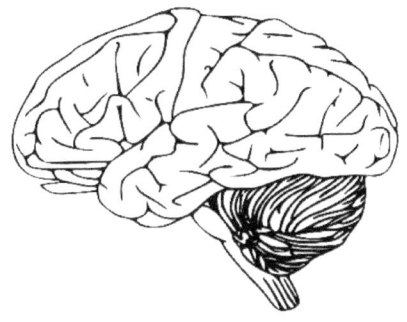

El cerebro humano, ¿Cómo funciona?

Casi siempre que oímos hablar del cerebro nos causa una extraña sensación de curiosidad. De hecho, el cerebro humano es uno de los órganos menos estudiados por el hombre. Dentro de si esconde millones de secretos a los cuales no tenemos acceso. ¿A qué se debe esta limitación?

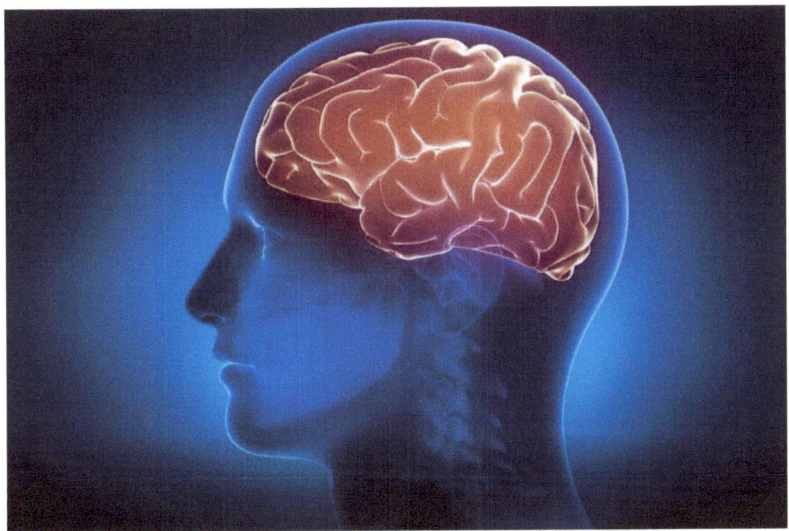

La razón es muy sencilla, nuestro cerebro trabaja a un 10% de su capacidad, por lo que el mismo se autolimita y por esto no somos capaces de percibir todo lo que allí dentro ocurre. Para poder comprender el arte de acercar a los humanos tenemos que repasar como están formados nuestros cerebros y cómo funcionan, esto nos llevará a entender nuestros sentimientos, comportamientos y reacciones.

Para entender mejor nuestro cerebro vamos a dividirlo en 3 partes fundamentales y que actúan por separado como si fueran tres cerebros en lugar de uno: El Cerebro Superior, El Cerebelo y Cerebro Límbico.

El Cerebro superior.

El cerebro superior es la parte externa del cerebro conocida como la corteza cerebral. A penas mide unos 6 o 7 milímetros de espesor, es la que, a diferencia de los demás animales, nos permite razonar y tomar en la mayoría de los casos un control sobre nuestros instintos.

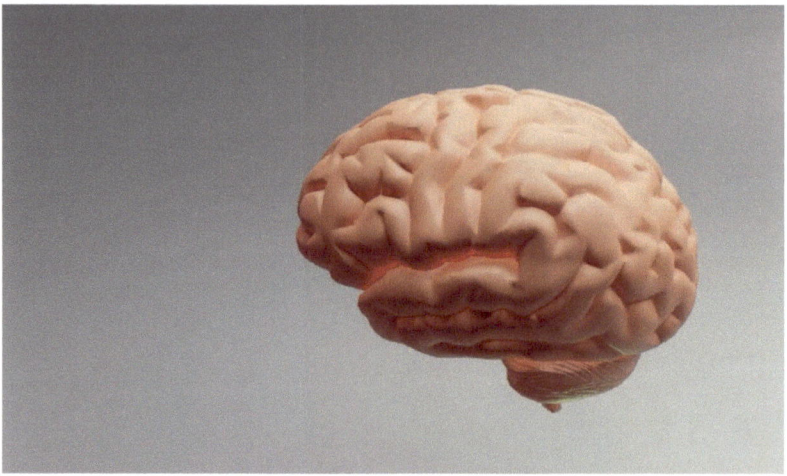

Comparémoslo con un gran ordenador cuyo disco duro lo forman unos 100 millones de unas células llamadas neuronas. Cada vez que nuestro cuerpo recibe una información por cualquiera de los cinco sentidos el cerebro la graba en una "lista".

Digamos por ejemplo que hemos visto "pasar un tren verde" Nuestro cerebro graba en la lista: "Ha pasado un tren verde" y al lado graba toda una serie de información referida a este proceso, como por ejemplo cuantos vagones llevaba, como sonaba, que tiempo demoro en pasar, que había detrás del tren como paisaje de fondo y millones de cosas más. Cuando vemos pasar otro tren verde, rápidamente el cerebro recorre toda la lista y en cada tren verde que hay registrado se detiene, lee toda la información y si hay algún detalle que no es igual, cosa que siempre ocurre, entonces graba este suceso de nuevo.

Sería difícil recordar cuantos trenes verdes hemos visto pasar en nuestra vida, pero todos están allí grabados, al igual que todo lo que hemos visto, oído, olfateado, saboreado o palpado desde que nacimos y hasta este instante. A veces, mientras el cerebro graba una información, se encuentra en la lista con una muy parecida; entonces se detiene fracciones de segundo para cerciorarse de que no son iguales, es ahí cuando nos suele parecer que esto ya lo hemos vivido antes, sensación que desaparece en menos de un segundo, cuando el cerebro ha continuado revisando su inmensa lista para anotar la información al final. Si escribiéramos la lista de una persona de 20 años podríamos llenar unos 20 millones de libros con esta información.

Con nuestro cerebro superior razonamos, tomamos decisiones lógicas y sobre todo cuidamos el resto de nuestro cuerpo para mantenernos vivos. Si un día nos mordió un perro, cada vez que vemos uno lo recordamos y tomamos precauciones para que no se repita, nuestro cerebro ha sido capaz de sentir miedo.

Pero si hemos criado un perro, le queremos mucho y entonces la experiencia es todo lo contrario, nuestro cerebro superior es también capaz de sentir amor.

Mas adelante profundizaremos en estos dos sentimientos y como se forman.

Todo lo que nuestro cerebro no usa con frecuencia después de un tiempo es borrado de la lista, pero la información ha pasado al cerebelo lugar donde se almacena para cuando la volvamos a necesitar.

El Cerebelo

El cerebelo se halla en la parte posterior del cerebro y se encarga entre otras cosas de la memoria, de la coordinación motriz y de la marcha. Si retomamos el ejemplo del ordenador, este sería un disquete donde guardamos los que no necesitamos a diario. Pero como en el caso de los disquetes la capacidad de información es menor por lo que el cerebelo se encarga de borrar definitivamente lo que considera innecesario por su poco uso.

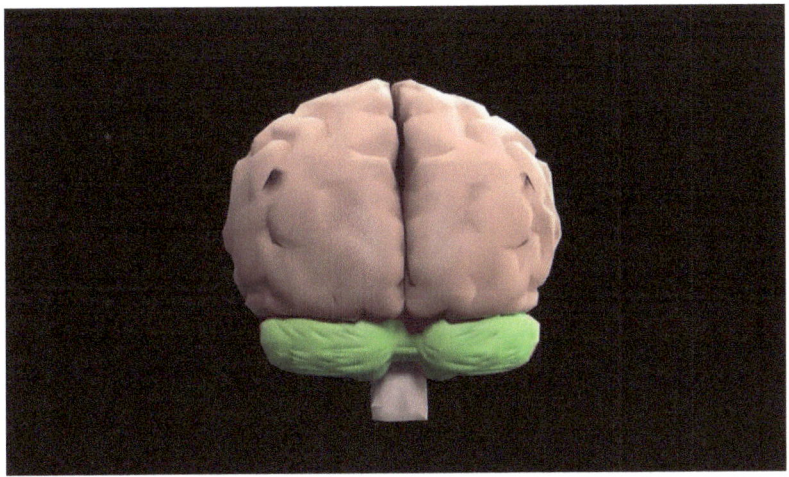

Es por eso por lo que a veces olvidamos cosas definitivamente. Dos enfermedades están estrechamente relacionadas con esta labor del cerebelo, una es La Amnesia que puede provocarse por dos razones: algún daño físico en el cerebelo como por ejemplo un golpe o una subida de temperatura, o por una emoción muy fuerte que satura el cerebro Superior de información, este la envía toda al cerebelo para protegerse y el cerebelo a su vez la borra o la comprime. En ambos casos la Amnesia puede ser reversible o irreversible teniendo en cuenta la gravedad de los daños causados. La otra enfermedad relacionada con los procesos de almacenamiento de información del cerebelo es la Locura.

La locura a diferencia de la amnesia solo ocurre al recibir el cerebelo más información que la que puede procesar en una unidad de tiempo determinada. Esto puede ocurrir por dos razones: Por una emoción muy fuerte o por un error genético en la formación de las neuronas que en el 90% de los casos es hereditario. Tanto el cerebro superior como el cerebelo borran información de la lista para evitar pasar este límite y que nos volvamos locos. Es por eso por lo que a veces olvidamos cosas y luego las recordamos. A lo que algunos llaman "hacer memoria" no es más que recorrer las listas del cerebelo a ver si aun esta allí la información o ha sido borrada definitivamente. Si nos demoramos en recordar, pero al final lo logramos esto significa que el cerebelo ha comprimido la información, es cuando solemos decir " Lo tengo en la punta de la lengua".

Ahora bien ¿qué ocurre entonces en el cerebro de un loco? Sencillamente el exceso de información recibida en un corto periodo ha hecho que el cerebelo deje de cumplir su función y borre toda la lista o partes de ella. Esto provoca que el cerebro superior también haga lo mismo pues al no tener a donde enviar la información que no utiliza, la borra y al no poder buscar la información que necesita en la lista del cerebelo provoca un caos caracterizado por las incoherencias típicas de una persona que ha enloquecido.

La locura como la amnesia puede o no ser reversible, según la magnitud del daño causado. Muchos virus informáticos se han basado en la semejanza del cerebro humano y el ordenador, por lo que al borrar información del disco duro hacen que el ordenador se comporte como si estuviera "Loco". La conducta de un loco es muy parecida a la de un animal irracional, actúa por instintos que son dirigidos por la tercera y última parte que vamos a repasar del cerebro, El Cerebro Límbico.

El cerebro límbico.

El cerebro límbico se halla en la parte interior y más profunda de nuestra cabeza y está cubierto por el cerebro superior. Vendría siendo como el BIOS de un ordenador, la información que se procesa en el cerebro superior la adquirimos, la que está en el límbico "viene de fabrica", son nuestros instintos, la bestia que llevamos dentro. El cerebro límbico recibe y entrega constantemente información al cerebro superior, pero lo que allí está almacenado no lo podemos borrar.

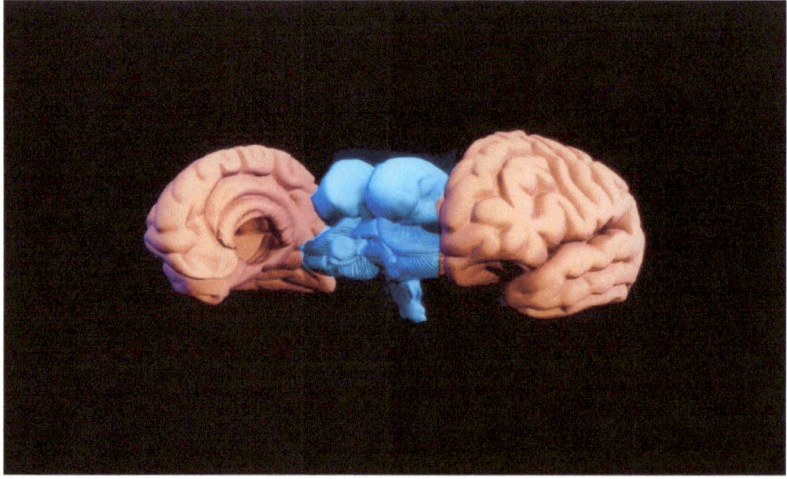

El cerebro límbico es también quien controla toda la actividad del resto del cuerpo y vigila que todos sus sistemas funcionen correctamente. Un fallo en el cerebro límbico puede provocar fallos en el resto de los órganos, músculos, huesos o en la sangre. Si conociéramos a fondo cómo funciona podríamos curar todas las enfermedades.

¿Por qué se acercan los seres humanos?

Ahora que hemos repasado cómo funciona nuestro cerebro vamos a centrarnos es dos aspectos muy parecidos pero que tienen orígenes muy diferentes, el acercamiento de los seres humanos. Cuando nos acercamos a otras personas podemos hacerlo por dos motivos o por roce sexual o por rose social.

Entiéndase por rose social todo motivo de acercamiento que no sea el sexual incluso cuando nos acercamos por razones negativas. El rose social ocurre solamente en el cerebro superior, aunque tratando de obedecer instintos que existen en el cerebro límbico. El roce sexual es puro instinto, ocurre en el cerebro límbico y este siempre termina haciéndose con el control desviando al cerebro superior a un segundo plano. Vamos a verlos por separado.

El roce social.

El ser humano es un ser social que necesita de sus semejantes para poder sentirse feliz.

Desde pequeños comenzamos a grabar la información que nos proporcionan nuestros padres, familiares, maestros y amigos en un cerebro superior prácticamente "vacío".

Durante la adolescencia nuestro cerebro ya ha adquirido la suficiente información como para intentar independizarnos de los demás y emprender una vida por si solos, pero pronto descubrimos que necesitamos una pareja, amigos y que no somos capaces de alejarnos de nuestros familiares sin que esto nos cause angustia.

La causa es que el hombre es un resultado de la sociedad que le rodea. Pensamos como nos enseñaron a pensar y tratamos todo el tiempo de hallar personas que piensen igual que nosotros, es una necesidad innata que el cerebro límbico envía constantemente al Superior, y que más adelante analizaremos por qué. El encontrarnos con personas que piensan diferente nos incomoda, la intolerancia también es innata al ser humano pero el cerebro superior puede aprender a superarla.

De todas formas, en la mayoría de los casos buscamos tener siempre la razón, justificar nuestros errores y persuadir a los de más de que no estamos equivocados. El ser humano es por naturaleza orgulloso, por lo que nos cuesta reconocer cuando fallamos y más aún pedir perdón. Por esta razón el cerebro límbico exhorta al superior a buscar seres humanos acordes a nosotros y esto nos hace ser sociales.

Cuando nos enamoramos, hemos hallado la persona que más se asemeja a nosotros, según los patrones de nuestro cerebro límbico, aunque el superior la vea muy diferente. Entonces surge el amor. también amamos a nuestros padres y familiares, pero no porque genéticamente sean muy parecidos a nosotros, sino porque al convivir con ellos pensamos muy parecido.

Es por eso por lo que si un niño es adoptado ama a su madre adoptiva con la misma intensidad que si fuera la biológica. Luego lo más cerca es nuestros amigos, nuestros vecinos, nuestros conocidos y por último también podemos llegar a amar a los desconocidos, pero siempre y cuando estos no ofrezcan un peligro para nosotros. Tan pronto como aparece un peligro el amor se transforma en sentimientos tales como el odio, el miedo, el rechazo, o la inseguridad.

Por qué ocurre esto, la razón es que nuestro organismo pareciera estar diseñado para no morir, Hallar a alguien diferente puede suponer un peligro para nuestra existencia y por ende nos produce angustia. La angustia es lo contrario del placer en ambos casos entra a jugar el cerebro límbico lo cual veremos en el próximo párrafo.

El rose sexual

El roce sexual es contrario a lo que muchos creen puro instinto, está grabado en nuestro cerebro límbico que hay que mantener viva la especie y por esta razón cuando vemos a una persona que nos atrae sexualmente nuestro cerebro límbico solo ha visto una oportunidad para reproducirnos.

El instinto de la reproducción es tan fuerte que el cerebro límbico y el cerebro superior entablan una lucha. Vemos a una persona que nos atrae sexualmente mientras el cerebro superior piensa que no puedo pedirle hacer el amor porque somos por ejemplo amigos, el cerebro límbico trata de convencer al superior de que es una excelente oportunidad para reproducirse.

A veces esta lucha la "gana" por el momento el superior y te retiras, pero el límbico no ha borrado de su lista lo visto continúa enviando esa imagen al cerebro superior. Al final en la mayoría de los casos el superior engaña al límbico con la masturbación. Recordamos que el cerebro límbico que es quien controla todos los sistemas del cuerpo incluido el reproductor, por lo que, al llegar al orgasmo, mediante la masturbación el cerebro límbico cree que se ha reproducido y queda satisfecho.

Tanto en el caso de la masturbación, así como el de todo tipo de relaciones sexuales, el cerebro límbico cree que se está reproduciendo y para recompensar a la persona ordena segregar una sustancia química llamada Dopamina que no es más que un neurotransmisor que permite a los impulsos eléctricos viajar de una célula a otra a través del cerebro y estimula sus centros del placer.

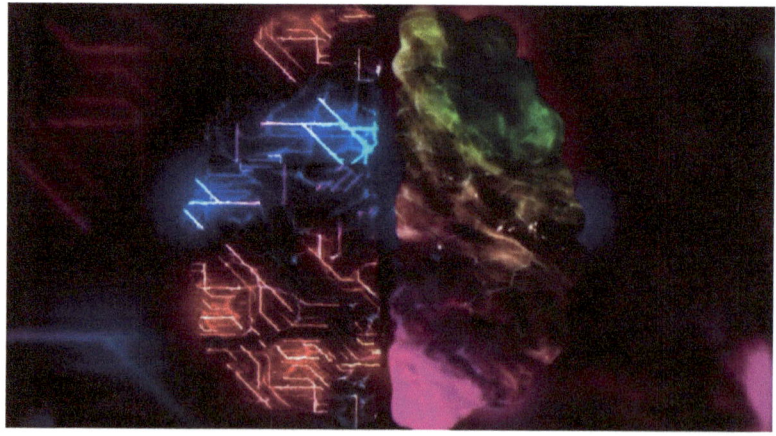

Es por esto por lo que antes, durante y después del acto sexual sentimos una sensación de placer. En el momento de la eyaculación o del orgasmo la secreción de Dopamina es máxima, el cerebro superior queda aislado del límbico, este último se ha hecho con el poder y en esos segundos nos comportamos como un animal más, gritamos, damos alaridos, apretamos a la otra persona, etc.

En realidad, el sexo no es más que un instinto de supervivencia, al igual que comer en ambos casos la secreción de Dopamina juega un papel esencial en el placer que nos provoca hacer estas cosas. Por esta razón el cerebro límbico envía al superior la tarea de hallar una persona adecuada para poseerla como objeto sexual, pero el superior como razona y sabe que esto no es correcto le agrega a este deseo el amor, por eso nos enamoramos de quien nos gusta sexualmente y no podemos enamorarnos de quien no nos gusta sexualmente.

Cuando vemos a la persona que amamos sentimos un placer inexplicable, es nuestro cerebro límbico que nos está recompensando con Dopamina al ver en nuestra pareja la oportunidad de reproducirse de nuevo. Luego al acercarnos el placer es aún mayor y si hay la oportunidad entonces nos vamos a la cama. ¡Al final el límbico siempre se sale con las suyas!

El secreto de la felicidad en la pareja

El equilibrio biológico

Todos los seres humanos son diferentes, compaginar dos caracteres y una cosa muy difícil, es por eso por lo que hallar la pareja ideal se torna una tarea casi imposible. Seguramente a usted le suena aquello de que casi siempre uno se enamora de quien no lo quiere y quien uno no quiere se enamora de uno. ¿Por qué ocurre esto? ¿No sería más fácil que nos enamoráramos de quien nos quiere y resuelto el problema? Entonces seguramente surge aquello de que "en el corazón nadie manda". El punto es esencialmente correcto, lo único que en realidad no es en el corazón en el que nadie manda, sino en el cerebro límbico.

Como explicamos anteriormente el cerebro límbico está programado "de fábrica" es por eso por lo que no podemos decidir de quien nos enamoramos. El cerebro límbico está programado para que busquemos a otra persona para reproducir nuestra especie.

Pero no le vale cualquier persona. El individuo que se acerque a nosotros debe cumplir ciertos parámetros que no son más que coincidencia de sustancias químicas.

La persona a la que amamos tiene que parecerse a nosotros químicamente sino el cerebro límbico la rechaza. Es cuando decimos "No me gusta" Si fuerzas a tu cerebro límbico a aceptar a esta persona este reacciona suprimiendo totalmente las entregas de dopamina, por lo que no sentimos placer.

Puede que el cerebro superior trate de engañar al límbico enviándole imágenes archivadas en el cerebelo de otras personas que, si nos gustan, entonces puedes llegar a hacer el acto sexual con una persona que no te gusta, pensando en otra que te gusta.

Pero una vez terminado, el cerebro límbico descubre que lo has engañado y automáticamente vuelve a retirar la dopamina por lo que sientes entonces una sensación de vacío, que en algunos casos puede transformarse hasta en rechazo o incluso asco.

Ahora bien ¿cómo escoge entonces el cerebro límbico a la persona correcta y si la halla que ocurre entonces? Primeramente, el límbico busca perpetuar le especie y hacerlo de la mejor manera por eso busca entre las personas que menos fallos genéticos tengan. La fealdad, la gordura, la calvicie, la vejez son ejemplos de algunos de los fallos genéticos que nuestro cerebro límbico trata de evitar. Es por eso por lo que cuando vemos una persona bella, con un cuerpo bello nos resulta muy fácil sentirnos atraídos y viceversa.

Supongamos que hemos hallado una persona que nos atrae físicamente y esta persona nos corresponde y acepta. Estamos a punto de comenzar una relación íntima. Como en todas las ocasiones de crisis su cerebro límbico se hace con el control de nuestro cuerpo, el corazón empieza a acelerarse y la adrenalina inunda el torrente sanguíneo, los vasos capilares de la piel comienzan a hincharse trayendo más sangre a la superficie, nuestro rostro enrojece y esto es captado por el cerebro límbico de la otra persona que percibe que estamos sexualmente excitados.

El cerebro superior trata de mantenerle frio, el conflicto entre los dos cerebros nos produce ansiedad. Entonces el cerebro límbico ordena la producción de sudor para enfriar nuestra piel que ha subido su temperatura en tres grados. De ahí que cuando estamos excitados suele decirse que estamos calientes. Pero la sudoración no solo cumple la función de enfriarnos, también desempeña otro papel sexual. Dentro de los poros de las axilas las hormonas están siendo trasformadas en una sustancia química que es transportada por el sudor a la superficie.

pequeñísimas bacterias que viven en la piel digieren esta sustancia y el desecho de su comida tiene un aroma penetrante. Lo mismo está ocurriendo en la otra persona, entonces al percibir las moléculas olorosas se envía un estímulo directo al cerebro límbico.

A diferencia del resto de nuestros sentidos el olfato esquiva el cerebro superior y va directo al sistema límbico esto explica que los olores pueden activar los impulsos animales inconscientes sin el control de nuestras mentes racionales. Mientras hacemos el amor nuestro cerebro límbico nos recompensa con Dopamina como premio por garantizar la supervivencia de nuestros genes y eso nos produce placer incluso después del orgasmo. Al terminar el cerebro límbico informa al superior de que está satisfecho en todos los sentidos y que desea conservar a esta persona para "futuras reproducciones" es entonces cuando el cerebro superior siente que está enamorado. De ahí la gran diferencia que supone hacer el sexo con la persona que amamos.

El equilibrio social

Una vez encontrada la persona que satisface a nuestro cerebro límbico con un equilibrio biológico viene la peor de las partes y es hallar un equilibrio social que satisfaga a nuestro cerebro superior y es ahí donde entran a jugar una serie de factores que pueden desencadenar en que nos lleguemos a enamorar de la persona correcta o no.

Nuestro cerebro superior quiere entonces una persona que piense igual que nosotros o que se nos asemeje bastante. Ahí juega un papel fundamental el ambiente social donde hemos crecido. Si elegimos como pareja una persona de nuestro mismo país, idioma, cultura, religión, o inclinación política, habremos ganado el 50 % del camino hacia la felicidad. Luego necesitamos tener intereses comunes, para ello juega un papel muy importante el grado de educación que poseamos.

Es muy difícil que una persona con estudios universitarios y una persona analfabeta puedan tener mucho en común en cuanto a intereses y formas de ver la vida. El saltarse estas reglas no supone que no podamos ser felices o enamorarnos. En psicología "dos y dos no son siempre cuatro" existe una inmensa cantidad de factores que pueden influir en el éxito de una relación, pero si buscamos reduciendo los porcientos donde existen riesgos de incompatibilidad tendremos más chance de hallar lo que buscamos. Un dato muy interesante es que ambos equilibrios no solo son importantes cuando buscamos pareja, sino también cuando buscamos amigos o nos acercamos a alguien en general.

Dado lo difícil que resulta encontrar a la persona adecuada, por todos los requisitos tanto biológicos como sociales que hemos expuesto anteriormente, en el 90 % de las parejas uno se enamora porque hallo lo que buscaba y el otro se deja querer por que ha hallado un porciento suficiente de lo que buscaba y hasta ese momento no ha encontrado nada mejor. Pero entonces existe el riesgo de que la persona que solo se deja querer halle a alguien que si los satisfaga del todo y es ahí donde vienen los adulterios y en la mayoría de los casos las roturas definitivas.

¿Por qué se separan los seres humanos?

Sería fácil concluir que, al no hallarse un equilibrio biológico, social, o ambos a la vez los seres humanos tienden a separase, pero tan sencillo no es. Existe un sinnúmero de factores que pueden hacer que dos personas se acerquen o se separen, aquí tratamos de profundizar solo en los más comunes.

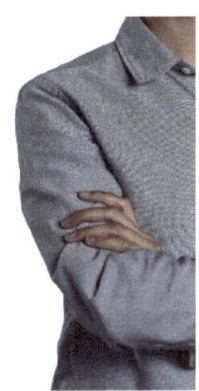

Pero como ya dijimos nuestro cerebro encierra una lista infinita de inescrutables misterios, que solo si funcionara al cien por cien de su capacidad podríamos comprender con precisión. No obstante, existen cuatro factores que, si llevan a los seres humanos a separarse y son el desequilibrio biológico social, el miedo, el orgullo y la envidia veámoslos por separado:

Desequilibrio biológico-social

Si como vimos en el capítulo anterior, si no existe un equilibrio biológico y social esto puede llevar a la separación. Al casarnos con una persona, debemos sentir amor, o sea ver satisfechos ambos factores, si no lo hacemos corremos el riesgo de que aparezca la persona que si satisface nuestros deseos plenamente y entonces nuestro cerebro límbico y nuestro cerebro superior estarán plenamente de acuerdo en que debemos abandonar a la persona con que vivimos y correr a los brazos de la otra, sin importarnos a quien nos llevemos por medio.

Esto es más importante de lo que parece, ya que, si no tenemos en cuenta que, para unir nuestra vida a otra persona, debemos amarla, podríamos causar sufrimientos a seres que queremos, por ejemplo, nuestros hijos, o nuestra actual pareja.

Si por el contrario nuestro cerebro superior decide no cambiar a la persona que no amamos por la que, si amamos, el cerebro límbico se declarará en "huelga" y no segregará más Dopamina, lo que nos causará angustia, estrés, frustración, depresión y en ciertos casos puede hacer que brote la bestia que llevamos dentro y actuemos violentamente.

La falta de equilibrio biológico y social no solo causa separación en el caso de las parejas, también nos puede llevar a rechazar amigos, compañeros, vecinos e incluso a familiares. Es por esto por lo que en las edades infantiles cuando los deseos sexuales aún no se han avivado, los niños varones se sienten más identificados a jugar con los otros niños varones y pueden incluso llegar a rechazar a las niñas y viceversa.

Un niño obeso puede ser rechazado en el colegio y objeto de burla, así como un niño de otra raza o con alguna enfermedad físicamente visible. Pero estas son reacciones del cerebro límbico, el superior puede ser moldeado a evitar estas conductas negativas, y es tarea de los padres y los profesores lograr que esto ocurra. Al niño que reacciona de forma negativa ante sus semejantes no hay que castigarle, esto avivaría más sus sentimientos negativos.

 Hay que explicarle, que todos los seres humanos tienen el mismo valor y por ende hay que respetarles y quererlos. Su cerebro superior ansioso de información a esa edad lo asimilará con rapidez. Más difícil será si permitimos que un niño crezca dando riendas sueltas a los sentimientos negativos de su cerebro límbico. Por esta razón si queremos unas nuevas generaciones libres de maltratos domésticos, sentimientos xenófobos, racistas o violentos habrá que educarles desde las edades más tempranas no con castigos sino con mucha explicación y paciencia.

El orgullo

El orgullo al igual que el miedo son los dos únicos sentimientos que pueden destruir el amor y lograr que dos personas se alejen. Otra forma de nuestro sistema límbico utiliza para garantizar nuestra supervivencia es nuestra autoestima. Casi siempre nos sentimos contentos con nosotros mismos, no nos vemos feos, aunque lo seamos, buscamos siempre tener algo que atraiga a los demás. Y aunque veamos todas las puertas cerradas, siempre pensamos que alguna se podrá abrir.

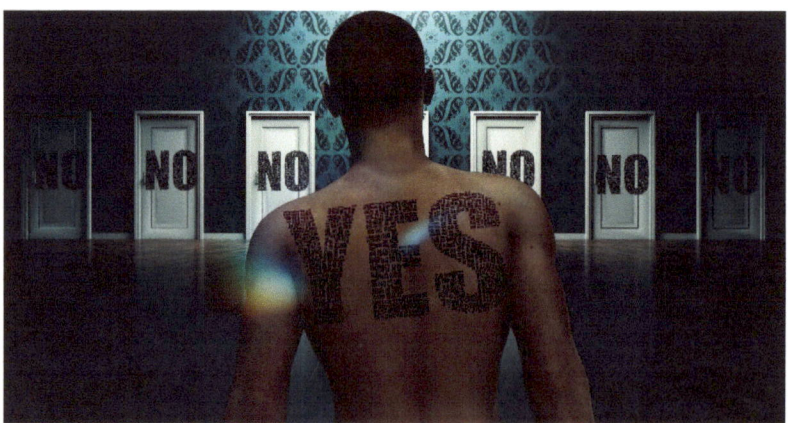

A final es nuevamente nuestro cerebro límbico que solo busca reproducirse y esto es esencial para hallar con quien. Pero cuando damos rienda suelta a nuestra autoestima y caemos en un exceso podemos llegar a ser incluso autosuficientes o arrogantes, curiosamente este es un sentimiento que la mayoría de las personas rechazan. El ser rechazado nos puede acarrear una frustración.

Es por eso por lo que si no queremos que nuestro orgullo nos separe de alguien debemos controlarlo ya que puede llegar a ser un arma de doble filo. Un viejo proverbio hebreo dice que "El orgullo está antes de un ruidoso estrellarse, y un espíritu altivo antes del tropiezo" Y nada más cerca de la realidad. Debemos auto examinarnos para averiguar porque nos comportamos así, ya que muchas veces el orgullo proviene de otro sentimiento que también puede alejar a los seres humanos: La envidia.

La envidia

Tener envidia no es más que sentir tristeza o pesar del bien ajeno o del cariño que otros disfrutan o sea desear o apetecer para si lo que otro tiene. Esto tarde o temprano nos lleva a rechazar a la otra persona. Por qué decimos "tarde o temprano", porque la envidia es una información errónea que el cerebro superior envía al límbico por lo que también puede ser tratada y erradicada.

No existen personas envidiosas, no es innato, más bien estas personas han dado riendas sueltas a un sentimiento que pueden controlar. Está claro que nuestro cerebro es muy complicado y actúa según lo programamos exactamente igual que un ordenador.

¿Qué sucede cuando sentimos envidia? El cerebro superior ha informado al límbico de que algo puede mejorar nuestro bienestar y nuestras expectativas de vida, el límbico que solo piensa en vivir, reacciona suprimiendo las entregas de dopamina lo que nos hace sentir tristeza, frustración y hasta rabia de no poder disfrutar de lo que la otra persona tiene. La suspensión de la secreción de dopamina es la forma que usa la parte más animal de nuestro cerebro de presionarnos para que obtengamos lo deseado. Por esta razón las envidias deben ser tratadas pues si les damos riendas sueltas pueden llevarnos a cometer actos muy negativos.

Una envidia en combinación con otro trastorno del cerebro como puede ser la esquizofrenia o la paranoia puede resultar muy peligrosa. El envidioso, no desea lo que tu tienes, lo que quiere es que tú no lo tengas.

La envidia es un sentimiento que todos los seres humanos rechazan porque ataca directamente nuestra autoestima y a un envidioso le vemos como un peligro a nuestra supervivencia y por tanto es alguien que hay que evitar.

El miedo

Otra de las causas que suelen provocar que dos seres humanos se alejen es el miedo. Es un sentimiento innato que yace en lo más profundo de nuestro cerebro límbico. No existe ninguna persona que nunca haya sentido miedo por algo, aunque alguien se esfuerce en asegurar lo contrario, en el fondo sabe que no es así.

El miedo no es más que una orden del cerebro límbico de segregar adrenalina al torrente sanguíneo para alertarnos de que algo no anda bien. Recordemos que para el cerebro límbico nunca debemos morir y por tanto todo lo que ponga en peligro nuestra existencia nos da miedo. Pero más allá del miedo el cerebro límbico también ha diseñado el dolor.

Por eso cuando sentimos mucha hambre nos duele el estómago, es la señal de que falta alimento en el cuerpo y nos duele para obligarnos a comer. Si alguna parte de nuestro cuerpo esta dañada ya sea por alguna lesión o alguna enfermedad, también nos duele, es nuestro cerebro límbico que nos está diciendo que tenemos que hacer algo para corregir el problema y de esta forma evitar que podamos morir.

Al dolor, como señal de que algo anda mal, también le tenemos miedo y por eso lo evitamos. Si alguien nos maltrata en cuanto nos sea posible trataremos de alejarle o alejarnos. A veces, aunque parezca contradictorio una persona maltratada por otra permanece a su lado sin huir, ¿Por qué ocurre esto?

Muy fácil, el cerebro límbico siente miedo de huir previendo que pueda ser reencontrado por el agresor y el maltrato sea aún peor. Si estamos en estos casos debemos sin falta buscar ayuda, por si solos jamás lo superaremos.

Pero centrémonos de nuevo en el miedo como forma de separar a los humanos. Nuestro organismo está acostumbrado a un hábitat y unas rutinas diarias que si rompemos bruscamente nos causará lo que conocemos como "Un susto."

Por ejemplo la temperatura en el exterior de nuestro cuerpo, no puede variar bruscamente sin que nos asustemos, si nos quemamos con una plancha, el cerebro límbico recibirá una señal de los nervios de nuestra piel de que la temperatura ha cambiado de forma muy peligrosa, en fracciones de segundo la reacción será inmediata "Retirar la mano urgentemente", acto seguido dolor si ha habido daño, es la forma que tienen nuestro cerebro límbico de indicarnos que algo tenemos que hacer y el susto es la grabación en el cerebelo de que esto no puede volver a ocurrir.

Cada vez que veamos una plancha, aunque este fría, recordaremos la quemadura, y la cogeremos con recelo y con cuidado.

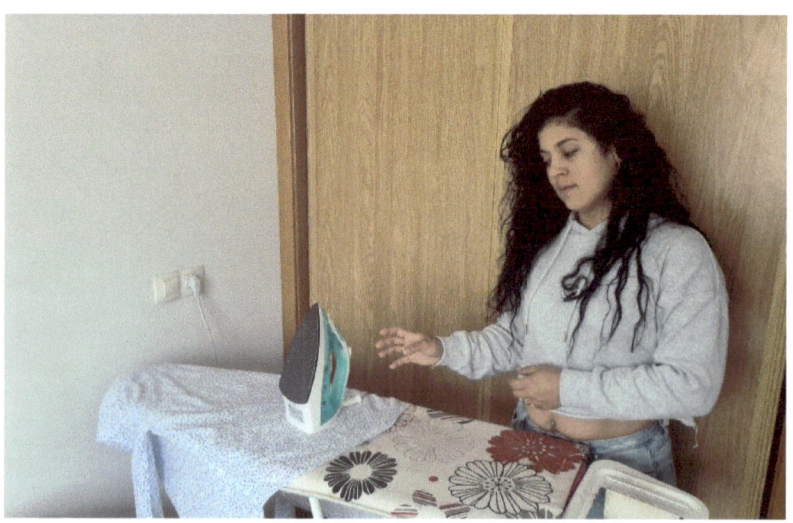

Otro ejemplo puede ser el cambio brusco de la velocidad de nuestro cuerpo. Un susto es inevitable si vamos en un auto y este patina en la nieve, si vamos en un avión y hay turbulencias que causan un movimiento brusco o si simplemente resbalamos de nuestros pies y nos caemos, el susto es inevitable, nuevamente nuestro sistema límbico percibe que algo pone en peligro nuestra existencia.

Entonces como señal de alarma envía adrenalina a nuestro torrente sanguíneo y nuestro corazón late aceleradamente para que nuestros riñones y nuestro hígado filtren esa sangre rápidamente. Incluso hay personas que pueden llegar a orinarse de un susto. Esto es causado por una orden del cerebro límbico de vaciar los riñones para recibir los nuevos desechos de la inmensa cantidad de sangre que se va a filtrar.

Si el susto es muy grande, o se prolonga por mucho tiempo, tanta entrada de sangre a nuestro corazón lo puede hacer fallar provocando un infarto, pero para que esto ocurra debe haber algún trastorno en el sistema cardiovascular. Normalmente un corazón sano aguanta los sustos sin problemas. Si el susto es tan grande que el cerebro límbico "llega a la conclusión" que de todas formas vamos a morir entonces se desconecta automáticamente del cerebro superior y es a lo que llamamos "Perder el conocimiento o desmayarnos"

Es una reacción para evitar "que veamos como morimos" Pero si logramos sobrevivir, el cerebro límbico volverá a conectarse con el superior y volveremos en sí. Puede darse el caso que este proceso demore es entonces cuando estamos en "coma". Un coma puede ser o no reversible depende del grado de daño que haya sido causado en el cerebro. Una enfermedad o lesión física también puede llevarnos a un coma cuyo origen es el mismo, disminución de la actividad cerebral entre el cerebro superior y el límbico.

El miedo irracional, donde el cerebro superior no interviene se conoce como terror. El terror simplemente nos bloquea ante una amenaza externa y no nos deja razonar. Actuamos por instinto. Una estadía superior al terror es el pánico, si lo fuéramos a expresar en palabras el pánico es el "miedo al terror" Y se puede presentar en las personas en forma de fobias. Todo tiene el mismo origen, "peligro a nuestra supervivencia"

Las fobias pueden ser muy variadas y tener orígenes distintos y en la mayoría de los casos tienen solución porque, al igual que la envidia, consisten en una información errónea que el cerebro superior envía al límbico haciéndolo reaccionar así.

Por ejemplo, si una vez estuvimos ahogándonos en el mar podemos desarrollar una hidrofobia. Podemos sentir fobia a las alturas, a ciertos animales. Podemos llegar a sentir que nos da pánico estar encerrados como en el caso de la claustrofobia, temiendo que se acabe el aire para respirar y nos cueste la vida. también existe la homofobia, personas que no están 100% seguras de su sexualidad y temen que acercarse a un homosexual pueda poner en peligro su conducta sexual. Lo homófobos fueron educados en una sociedad mayoritariamente heterosexual.

Su sistema límbico ha recibido información de que las relaciones homosexuales no conllevan a la reproducción y por esta razón "ponen en peligro la supervivencia de la especie" Les aterra pensar que esto pueda ocurrirles y por eso sienten el rechazo hacia los homosexuales. Pero el caso de la homosexualidad lo analizaremos en un capítulo aparte. En fin, las fobias como parte del miedo pueden llegar a ser la causa de que los humanos se separen, pero al estar su origen en el cerebro superior pueden ser tratadas por un especialista y desaparecer del todo.

¿Por qué existen personas homosexuales?

El origen de la homosexualidad

La homosexualidad pareciera estar en contra de todo lo que hemos leído hasta el momento. ¿Si nuestro sistema límbico solo busca reproducirse, como es posible entonces que dos personas del mismo sexo se atraigan sexualmente si no va a haber reproducción?

Para entender esta pregunta tenemos que indagar en los orígenes de la homosexualidad y cuáles son los procesos que ocurren en el cerebro de un homosexual.

La sexualidad humana se forma en las primeras semanas del embarazo. Todos somos una complicada mezcla de hombre y mujer. El feto en sus primeros días tiene la posibilidad de tener los dos sexos y su futuro desarrollo dependerá de la cantidad de hormonas que la madre proporcione al feto. Tomemos el ejemplo del feto de un niño varón. En las primeras dos semanas la madre segregara una cantidad de testosterona que propiciara que el feto se desarrolle hacia un niño varón. según la cantidad de hormonas que le lleguen en el resto de la gestación será el comportamiento sexual que tendrá el futuro individuo. Vamos a suponer que lo medimos en porciento.

Mas del 70 % de hormonas masculinas, el niño será heterosexual, menos del 30% su cerebro se comportará como el de una mujer por tanto será homosexual. Y entre 30% y 70% entonces será Bisexual, o sea tendrá preferencias por ambos sexos. Pero la cosa es mucho más compleja, entre 50 y 70 % será un bisexual que prefiere a las mujeres, pero puede tener sexo con un hombre.

En cambio, entre el 30 y el 50 será lo contrario, preferirá a los hombres para convivir, pero también le gustaran las mujeres. ¿Qué ocurre si se pasa de 80?, será uno de esos hombres muy machos que tanto atraen a las mujeres. ¿Y si no llega al 10%? Entonces será ese homosexual afeminado que todos lo reconocen por la forma de caminar y hablar.

Lo mismo ocurre en el caso de las Lesbianas, pero al revés. De modo que la homosexualidad lejos de ser una enfermedad es simplemente una variante de la tan complicada sexualidad humana y por ende no se puede curar.

¿Qué ocurre entonces con el cerebro límbico y sus ansias reproductivas?

Una vez analizada la condición hormonal de la homosexualidad y cuyo origen está en la lotería de nuestros genes, es tiempo de contestar esta pregunta.

El cerebro superior de un hombre homosexual al recibir durante su formación más hormonas femeninas que masculinas se comporta exactamente como el de una mujer.

Dicho de otra forma, un homosexual es una mujer metida en un cuerpo de un hombre. De ahí que al ver a otro hombre se siente atraído y envía al sistema límbico la misma señal que el cerebro superior de una mujer. Por tanto, la reacción del sistema límbico es idéntica, ve en un hombre una oportunidad para reproducirse y al efectuarse la relación sexual el sistema límbico cree que se ha reproducido y recompensa a la persona con dopamina provocándole un gran placer.

En cambio, si un hombre homosexual ve una mujer dentro de su cerebro es como si una mujer viera otra, no hay posible reproducción de ahí el rechazo.

En dependencia de la cantidad de testosterona que el

feto recibió el homosexual puede ser pasivo o activo o ambas cosas, pero en la mayoría de los casos preferirá una de ellas que será la que le causará mayor placer. En ambos casos el ano con su inmensa cantidad de terminaciones nerviosas se encargará de enviar al cerebro límbico la señal de que la reproducción se ha realizado y lo engañara con facilidad. Para esto el cerebro superior es un experto. Cabe recordar que los heterosexuales también pueden engañar a su sistema límbico con las relaciones anales, orales e incluso con la masturbación sin que ninguna de las tres conlleve a una reproducción.

En el caso de las parejas homosexuales también son válidas las reglas biológico-sociales para el amor expuestas anteriormente. Dos personas del mismo sexo pueden llegar a amarse con la misma intensidad que dos personas de sexos opuestos.

Como hemos visto la homosexualidad tiene un origen genético hormonal, pero no se hereda y mucho menos se aprende en el medio que nos rodea. Tampoco se contagia como si de un virus se tratase, por eso los sentimientos homofóbicos carecen de fundamento. La persona homófoba debe recibir un tratamiento psicológico para buscar con un especialista los orígenes de tal forma de pensar. Tal vez solo necesite más información sobre la homosexualidad para estar seguro de que no corre riesgo o tal vez necesite asegurarse de sus deseos sexuales que no necesariamente deben tener ningún rasgo de homosexualidad.

Lo que si va siendo hora es que la sociedad aprenda que no se elige al nacer la condición sexual y que no debemos rechazar a una persona por algo que ella no puede cambiar, parece demasiado injusto y la justicia es una cualidad que agrada a la mayoría de los seres humanos. Téngase en cuenta que los homosexuales constituyen el 10 % de la población de cada país.

Si obligamos a un homosexual a cambiar, su cerebro límbico reaccionara de la misma manera que si obligáramos a un heterosexual a tener relaciones con alguien de su mismo sexo. Quedará suspendida la secreción de dopamina y la persona se sumirá en la tristeza, la depresión, la desesperación y en el peor de los casos con nuestra actitud podemos inducir a alguien a cometer hasta un suicidio ya que la falta de dopamina por tiempo muy extenso suprime en el ser humano los deseos de vivir.

La personalidad humana

La personalidad humana no es más que la diferencia individual que constituye a cada persona y la distingue de otra, un conjunto de características o cualidades originales que destacan en una persona y también puede ser un rasgo determinante en el arte de acercar a los humanos.

Contrario a lo que muchas personas creen nuestra personalidad nace con nosotros, no se adquiere en la vida, ni es el resultado del medio que nos rodea. De ahí que podamos ver personas agradables entre los ricos que lo tienen todo, pero también haya ricos antipáticos al mismo tiempo encontramos ambas cosas entre los pobres. Tampoco la moldea nuestro origen cultural, en todas las culturas hay gente muy inteligente y gente con menor capacidad intelectual, etc.

Nuestra personalidad como la sexualidad tiene su origen en la lotería de nuestros genes, ni siquiera es hereditaria, El hijo de un gran musico puede carecer totalmente de vocación para el arte en general y sin embargo ser un buen deportista, un gran orador o simplemente una persona sin capacidad intelectual.

Es allí en nuestro cerebro límbico donde están las raíces de nuestra personalidad que tanto nos puede ayudar a llegar a los demás o viceversa y se compone de dos pilares fundamentales, nuestro carácter y nuestra vocación

El carácter

Nuestro carácter es el conjunto de cualidades propias que nos distingue de los demás, por nuestro modo de ser o actuar. Esta grabado en nuestro sistema límbico. El que seamos agradables y simpáticos o pesados y odiosos no depende de lo que nos ocurra sino de lo que somos. Claro está que un suceso desagradable puede poner de mal humor a una persona simpática, pero es algo temporal. Volverá a ser simpático. Lo mismo que un pesado que se gane la lotería seguramente estará feliz ese día, pero al final volverá a ser el mismo pesado de siempre. ¿Quiere decir esto que una persona no puede cambiar su carácter?

No, en absoluto, en el caso del carácter no ocurre como el caso de la condición sexual, El carácter puede cambiar si ocurre algún suceso tan fuerte que afecte al sistema límbico, ya que el origen está en él, pero la manifestación del carácter se encuentra en el cerebro superior.

Por ejemplo, una persona mala, odiosa y perversa puede llegar a cambiar si le comunican por ejemplo que tiene una enfermedad incurable. Son cambios químicos muy bruscos que ocurren en el sistema límbico que hacen que la persona cambie de proceder. Pero por sí solo y por voluntad propia es muy difícil que alguien cambie su carácter. Siempre pueden existir excepciones porque como ya explicamos los funcionamientos del cerebro son muy profundos y en psicología no siempre dos más dos son cuatro.

Pero ¿puede entonces un suceso fuerte hacer que cambiemos nuestra sexualidad? No, y la razón es que el carácter es simplemente una cualidad, mientras que la sexualidad es una formación psíquico-biológica del cerebro superior. Sería absurdo creer que un suceso pueda hacer que una mujer se convierta en hombre o viceversa.

¿Qué ocurre entonces con la gente que se cambia el sexo? Los llamados transexuales, han cambiado el sexo de su cuerpo, pero el de su mente ya estaba cambiado desde antes de nacer, es precisamente por eso que tomaron tal decisión.

Resumiendo, nuestro carácter es nuestra identidad y debemos aprender a convivir con ella. Cabe mencionar que el hecho que seamos pesados para alguien no quiere decir que lo seamos para todo el mundo, pues siempre hay alguien que nos considera agradables. Es una cuestión de química. Se trata de eso, buscar a quien nos podemos acercar.

Los cerebros límbicos son capaces de percibir la composición química de los cerebros de otras personas. La forma en que nos miran, el olor que desprenden, el tono de la voz son cosas que, aunque no lo percibimos nos llega hasta lo más profundo y hace que cierta persona nos agrade o no.

Por esta razón en los centros de trabajo, escuelas, etcétera, siempre encontramos alguien que se acerca más a nosotros que otros, siempre existen los llamados "grupitos" y casi siempre desde el principio notamos: "¡ah! Estos dos se caen bien, siempre andan juntos"

La vocación:

La otra cualidad innata de nuestra personalidad es nuestra vocación o sea nuestra inclinación a cualquier estado, profesión o carrera. Cada uno de nosotros sabemos lo que nos gusta y lo que no.

Y nuevamente el gusto está relacionado que el placer que nuestro cerebro límbico nos proporciona segregando dopamina. Si hacemos lo que nos gusta seremos buenísimos en eso, pero lo que es más importante aún nos sentiremos felices y esto hará que nos sea más fácil llegar a las demás personas.

Por el contrario, si se nos obliga a hacer los que no nos gusta, nuestra frustración será tal que alejará a las personas de nosotros puesto que nadie quiere acercarse a personas con actitud negativa.

De ahí que respetar la vocación es una tarea importantísima para padres, educadores y políticos. Lo que sembramos hoy será lo que mañana habremos de recoger. No es correcto inducir a nuestros hijos a que sean lo que nosotros somos, sino dejarles elegir libremente que van a estudiar o en que quieren trabajar el día de mañana.

Esto no implica que no debamos aconsejar a nuestros hijos, pero jamás imponerle: "Tú vas a ser abogado para que en el futuro lleves los asuntos de la familia", o "tú tienes que ser medico como tu padre y tu abuelo". Mucho menos prohibir vocaciones como por ejemplo No puedes ser bailarín porque eso es para las chicas, o no debes dedicarte al deporte porque yo me he sacrificado para que estudies una carrera.

Si queremos tener éxito en nuestras vidas debemos luchar por realizar aquello por lo que sentimos vocación y al lograrlo sin dudas eso nos acercara a los demás.

Las relaciones humanas

Como hemos visto cada ser humano es un mundo en sí mismo, y compaginar dos mundos diferentes siempre resulta una tarea poco fácil. Por esta razón las relaciones entre los seres humanos no pueden reducirse a un grupo de reglas que las representen, pero si existen puntos comunes en los que meditar.

Aunque no lo creamos los seres humanos tenemos más cosas en común que las que nos diferencian. La clave de una buena relación está precisamente en eso, en buscar nuestros puntos en común.

No siempre podemos elegir las personas con las que tenemos que relacionarnos. Trabajamos, estudiamos, y a veces hasta convivimos con muchas personas diferentes. Cada una de ellas tiene puntos que coinciden con los nuestros. Solo se trata de hallarlos y usarlos para acercarnos a ellos. Si nos centramos en hallar los defectos de los demás, no nos será tarea difícil, todos estamos llenos de defectos. Pero es un camino erróneo, Nadie desea que le señalen sus defectos como tampoco nosotros lo deseamos. En cambio, si buscamos lo que tenemos en común sin dudas nos acercaremos a los demás. Esto tal vez lo resuman unas palabras del conocido científico Isaac Newton: "La unidad es la variedad, y la variedad en la unidad es la ley suprema del universo".

Los reencuentros

A veces encontramos a un conocido que hace tiempo no vemos, entonces seguramente algo habrá cambiado en ellos. Nunca debemos usar frases negativas como "Que gordo estas", "que flaco te veo", o "Se te ve mala cara". Sin dudas son cosas que la mayoría de la gente no quiere oír.

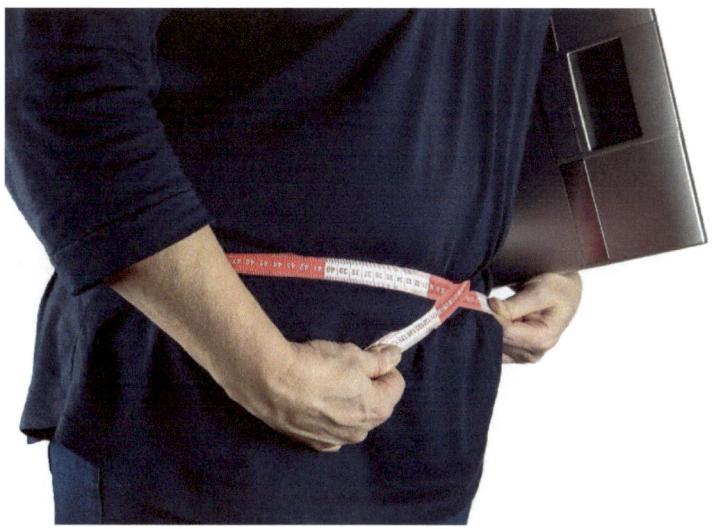

Decirle gordo a una persona puede interpretarse como que ya no es atractiva, aunque nosotros estemos pensando en que esta "bien alimentada y saludable". Por el contrario, si le decimos "flaco" tal vez pensando en que ha mejorado su físico, la persona puede interpretar que creemos que alguna enfermedad lo ha puesto así, o lo que es peor, que nos alegramos por eso. Si le vemos mala cara, con más razón aún. Aunque notemos estas cosas en nuestros conocidos, si no queremos su rechazo evitemos este tipo de comentarios negativos. Tal vez podríamos decir "Que alegría verte después de tanto tiempo" o "que sorpresa tan agradable verte"

Las cartas

Algo muy parecido sucede cuando escribimos una carta. Lamentablemente esta hermosa costumbre se pierde cada vez más. El uso del correo electrónico ha desplazado la correspondencia escrita. Pero sin lugar a duda el recibir una carta de alguien que nos quiere nos llena de regocijo.

Cuando escribas una carta hazlo a mano, con tu puño y letra. La persona que la recibe te sentirá como más cerca al ver tu letra. Es como si valorara el trabajo y el esfuerzo que has hecho en escribir cada palabra. Sabrá que le quieres y lo disfrutará más. Nunca empieces una carta con una mala noticia, la persona lo tomara como una falta de tacto y puede concluir en que disfrutas haciéndole daño.

Se sutil, habla primero de un tema agradable y luego le cuentas la noticia de forma suave. No debes dar nunca malas noticias en las cartas al no ser que sea estrictamente necesario. Existen personas que se dedican a recopilar todo lo malo que ocurre para impactar a los demás. Pero lejos de impactarnos nos alejan. Por ejemplo, cosas como "¿Sabes quién se murió en el pueblo?", o "Que cosa tan terrible acabo de ver en la tele" son temas totalmente innecesarios para una carta.

Si queremos acercarnos a la persona que escribimos, debemos hablar de cosas positivas, alegres y que hagan a la otra persona sentirse feliz al terminar de leer la carta. Una forma de saberlo es poniéndonos en el lugar de quien lee nuestra carta y preguntarnos: ¿Cómo me sentiría yo si me envían una carta así? Por lo demás no lo dudes, escribe una carta a las personas que quieres y házselo saber, veras que emocionante sorpresa recibirás al descubrir que un día el cartero te trae de vuelta mucho amor dentro de un sobre.

Los correos electrónicos

Alguien pudiera preguntarse, ¿para qué enviar una carta si puedo enviar un email? Es cierto, el correo electrónico simplifica mucho la vida. No tenemos que escribir sino apretar simples teclas, si nos equivocamos borramos y punto. No tenemos que gastar dinero en sobres y sellos y tampoco ir al correo a dejar la carta en un buzón. Y lo que es mejor aún, no tenemos que esperar a que la carta llegue.

Además, podemos mandar una misma carta a varias personas a la vez, ¿No es esto fantástico? Puede que sí, pero si nos ponemos en el lugar de la otra persona, entonces podríamos concluir de la siguiente forma. No soy tan importante para el como para que se complique su vida por mí, le pesa coger un lápiz para escribirme por lo que prefiere apretar frías teclas, ya que si se equivocara preferiría dejar de escribirme con tal de no empezar de nuevo. Le pesa gastar unos centavos en un sello porque considera que no valgo tanto y por nada del mundo saldría de su casa para tomarse el trabajo de ir a un buzón. Y para colmo de males ni siquiera me ha escrito a mí, sino que ha enviado la misma carta a 20 personas más. ¿Crees que vale la pena correr el riesgo de que la persona que quieres pueda pensar de ti alguna de estas cosas?

No quiere decir esto que neguemos el progreso y renunciemos al correo electrónico, pero al menos si un día le escribes a alguien, trata de hacerlo por ti mismo. Algo que tu hallas creado y sin copias o más personas. Mucho menos esas cadenas de mensajes reenviados que acaban en "envíalos a diez personas", etc. El lector lo valorará mucho. El saber que has creado un mensaje solo para él apaciguará un poco esta frialdad que las computadoras imprimen a la vida.

La comunicación

La comunicación entre los seres humanos es esencial en el arte de acercarlos. Hoy en día es casi común en el mundo desarrollado ver que al sonar un teléfono móvil todos nos tocamos el bolsillo a ver si es el nuestro. Nos alegra saber que alguien nos ha recordado y quiere decirnos algo. Los chats de Internet han creado un hábito casi enfermizo en los que los prueban. La primera vez que descubres que puedes conversar por Internet con otra persona desconocida que tal vez este en tu misma ciudad, o quizás este al otro lado del mundo te fascina.

Puedes estar hablando durante horas, incluso con desconocidos. La adicción a los chats es tal que puedes llegar a tener allí ciberamigos a los que jamás le has visto el rostro, pero con los que te has reído, has llorado, has discutido e incluso muchos han tenido el llamado cibersexo.

Pero la comunicación implica más que el mero hecho dehablar por teléfono o escribirnos en un chat. Comunicación, es una forma de relación que pone a dos más personas en un proceso de interacción y de transformación continua.

Comunicación implica diálogo y constituye el pilar más importante en la relación entre dos personas. La palabra comunicación proviene del vocablo latín "communis" que significa "común" y del indoeuropeo "mei" que se traduce como "cambiar" o "mover", O sea comunicarse no es más que intercambiar lo que tenemos en común.

Si queremos un acercamiento a nuestros seres queridos, debemos comunicarnos con ellos, más que una simple llamada, sentémonos a conversar con nuestros hijos, nuestras parejas, tomémonos un café con nuestros amigos, salgamos a cenar con ellos

y hagamos como dice un viejo proverbio "Se lento en cuanto a hablar y presto en cuanto a oír" Nuestros amigos y seres queridos tal vez no necesiten que les demos soluciones a sus problemas, simplemente necesitan desahogarse y allí estaremos nosotros para ayudarles a lograrlo.

No implica esto que no debamos aconsejar a nadie, pero muchas veces nos esforzamos tanto en ayudar que no escuchamos y por lo tanto no conocemos a fondo el problema. Es importante que busquemos un equilibrio.

Recuerda que la comunicación física es una fuente de atracción de los seres humanos.

El estrés y nuestro balance

Uno de los problemas más importantes de la sociedad moderna es el estrés. Generalmente no nos gusta sentirnos estresados, nos enoja que alguien nos estrese y evitamos acercarnos a personas estresadas. Sin embargo, el estrés afecta a casi el 90 % de la población, ¿por qué ocurre esto?

Para tener una idea más clara vamos a profundizar en sus causas. Recordamos que nuestro cerebro límbico es quien dirige todas las funciones de nuestro cuerpo y al mismo tiempo está sujeto a las indicaciones del cerebro superior en cuyo programa está que llevemos una vida tranquila y placentera.

Si se produce un desbalance de esto nuestro cerebro límbico perderá parte del control de nuestro cuerpo y rápidamente el cerebro superior ordenará suspender las entregas de dopamina causándonos la inquietud incontrolada que conocemos como estrés.

El estrés se mide en niveles y unas dosis muy altas de estrés continuado puede ocasionar trastornos en nuestro sistema límbico que se traducirá en diferentes tipos de enfermedades, algunas incluso pueden ser mortales. Esta relación tan estrecha que existe entre nuestros pensamientos y sentimientos y la salud ha sido motivo de mucha especulación.

Durante siglos, muchas personas han creído en los poderes sobrenaturales de otras para curar enfermedades basándose en la relación entre el cuerpo y el alma. también se ha dicho que el ser pesimista llama el mal, mientras los científicos han tratado de establecer en que consiste esta relación tan extraña entre el cuerpo y la psiquis.

Pero lo cierto es que es tan sencillo como que nuestro cerebro límbico y nuestro cerebro superior son un solo órgano que trabaja como dos.

Si una persona fuma, es obesa y se alimenta con muchas grasas animales tiene un 3 % mayor de posibilidades de sufrir un ataque cardiaco. Pero si esta misma persona además vive con miedo de sufrir un ataque cardiaco por que fuma, es obesa y come mal sus posibilidades de este ataque son del 24 %.

Esto se explica porque el cerebro superior diseñado para no morir con los sentimientos pesimistas sufre un desbalance que desequilibra las funciones del cerebro límbico aumentando en un 8 % la lotería negativa de nuestros genes.

El proceso contrario también es posible. Una actitud positiva en la lucha contra una enfermedad puede ayudarnos a superarla. Un cerebro superior balanceado aporta al sistema límbico la información de que algo anda mal y hay que corregirlo. En muchas ocasiones nuestro propio sistema inmunológico, el hormonal o incluso el genético puede llegar a curarnos y esto vale para cualquier tipo de enfermedad.

Lamentablemente nuestro cerebro como explicamos anteriormente no trabaja al 100 % de su capacidad, pero si lo hiciera podríamos curarnos con tan solo desearlo o tal vez nunca llegaríamos a enfermar.

Las situaciones de estrés conllevan a enfermedad, y nuestro cerebro superior lo sabe, esta es la razón por la que no nos gusta acercarnos a personas estresadas. ¿Pero qué podemos hacer para huir del estrés en una sociedad como la de hoy? ¿Tendremos que alejarnos del 90 % de la gente que nos rodea?

No, solo tenemos que aprender a balancear nuestro cuerpo, para que nuestros cerebros trabajen de forma balanceada y de esta manera nunca nos estresaremos, ni nos afectara el estrés de los demás.

El día tiene 24 horas y nuestros cerebros están diseñados para actuar en tres periodos de forma diferente. El cerebro superior debe tener actividad 8 horas. Ya sea trabajar, estudiar, hacer deportes donde tengamos que pensar y tomar decisiones, etc.

Una vez pasada este tiempo, las próximas 8 horas corresponden al esparcimiento y el ocio. Durante este tiempo el cerebro superior trabaja en conjunto con el límbico. Es allí donde intercambian lo necesario para que ambos queden satisfechos y balanceados. En las horas de ocio podemos hacer cualquier cosa que nos guste.

Leer, escribir, chatear en un ordenador, hablar por teléfono con un amigo, pasear, entrenar en un gimnasio u cualquier otra actividad deportiva donde no tengamos que pensar y tomar decisiones.

También podemos simplemente escuchar música, ver televisión, cocinar si nos gusta, comer o simplemente echarnos en el sofá sin hacer nada, pero no dormir.

Para dormir están las próximas 8 horas, tiempo del cerebro límbico para reparar todas las células de nuestro cuerpo. El sueño es algo así como cuando cargamos la batería de nuestro teléfono móvil.

Si logramos hacer este balance diariamente, el estrés desaparecerá de nuestras vidas y con él, muchas enfermedades. Con nuestro cuerpo balanceado las demás personas se acercarán a nosotros en busca de nuestra paz. Y a nosotros no nos afectara el estrés de ellos ya que nuestro cerebro superior sabe que esta balanceado.

Está claro que no siempre podemos disponer del tiempo suficiente para el ocio e incluso para dormir, pero esto no lo entienden nuestros cerebros, por mucho que se lo expliquemos su desbalance nos producirá estrés.

No vale llegar cansado de trabajar todo el día e irse directo a la cama y dormir 12 horas seguidas. Hemos pasado por alto el ocio donde el cerebro superior informa al límbico que es lo que tiene que reparar durante el sueño.

De ahí que nuestro sueño no será placentero y lo que es peor nuestro cerebro límbico no hará bien su labor restauradora por lo que al despertar puede que aun estemos cansados y es entonces cuando nos preguntamos

¿De qué estoy cansado si me acabo de levantar y no he hecho nada? Tampoco sirve de mucho descansar todo el fin de semana. Nuestro balance no debe ser semanal, sino diario. El fin de semana también necesitamos actividad, por ejemplo, podríamos jugar al futbol o hacer limpieza general de la casa que son labores que requieren de nuestra concentración.

Es importante aclarar la diferencia entre que es actividad y que es ocio en el caso de los deportes. Todo lo que sea pensar y tomar decisiones como jugar un partido de futbol o incluso el ajedrez es actividad. En cambio, entrenar los músculos en un gimnasio o ver el partido de futbol es ocio. Algo que nos ayudará a entender mejor es el siguiente ejemplo:

Si corremos una carrera de velocidad en una competencia de atletismo donde tenemos que estar al tanto de que nadie a nuestro lado corra más y llegue primero es actividad, sin embargo, si corremos en un bosque tranquilamente con un amigo por hacer ejercicio es ocio, aunque en los dos casos estamos corriendo nuestros cerebros no están trabajando igual.

En el primer caso nuestro cerebro superior está trabajando para enviar a los músculos la dosis de fuerza que necesitamos para ganar, al mismo tiempo el cerebro límbico está informando al superior de cuanto podremos resistir basado en los cálculos que está realizando del funcionamiento de nuestra circulación sanguínea, los niveles de oxígeno y adrenalina en sangre, etcétera es toda una actividad.

Si ganamos la carrera nuestro cerebro límbico será informado de que somos fuertes y por ende viviremos más lo que es acto seguido recompensado con dopamina sentimos la euforia del placer del triunfo. Si perdemos las entregas de dopamina serán retiradas. El límbico ha entendido que hay alguien más fuerte y por eso viviremos menos, ha decidido castigarnos.

En el caso de la carrera en el bosque nuestro cerebro superior está diciendo al límbico que correr es bueno para la salud, fortalece los músculos del corazón y por ende viviremos más y mejor. Esta información gusta mucho al cerebro límbico que nos recompensa con dopamina. Por eso después de hacer ejercicio siempre nos sentimos bien

El desbalance continuado puede pasarnos factura en nuestra salud, muchas veces enfermamos y ni siquiera sabemos que nuestro desbalance fue el causante. Si no hacemos algo por balancear nuestro cuerpo estaremos siempre expuestos al estrés y esto alejara a las personas de nosotros. Nuestro cerebro límbico sabe que el estrés es negativo para nuestra salud y por ende para nuestra supervivencia y por tanto rechaza a toda persona que esté estresada, no las queremos en nuestra cercanía.

En una entrevista de trabajo, el jefe pregunta a la candidata:

- En una escala entre 1 y 10 donde 1 es rapidez y 10 es precisión, ¿dónde usted se pondría?

La candidata piensa inmediatamente, si me pongo en el

10 pensará que soy lenta y no me dará el trabajo. Pero si me pongo en el 1 entonces creerá que no soy cuidadosa y que no tengo precisión al hacer mi trabajo. ¿Qué hago? ¿Qué quiere este hombre que yo le conteste?
La empleada, como la mayoría de las personas, se colocará en el 5 por si acaso. Pero al jefe, sencillamente no le interesa la respuesta. El solo quiere ver, como reacciona ella ante una situación de estrés.

Si responde tranquila cualquier cosa, aunque se tome su tiempo, posiblemente tendrá el empleo, pero si se estresa, se pone muy nerviosa y no sabe qué contestar, tiene todas las papeletas para no ser elegida. Porque el jefe es ante todo humano, y los humanos rechazan el estrés desde lo más profundo de su cerebro límbico.

Es importante destacar que el balance no es completo si no se hace en orden, 8 horas de actividad, seguido de 8 de ocio y luego ocho de sueño. Si lo logramos en tan solo un mes notaremos un cambio drástico para mejor en la calidad de nuestra vida.

Lamentablemente algunos trabajos exigen horarios diferentes y esto nos dificulta organizar nuestro balance, ¿No podemos por ejemplo trabajar, dormir y luego hacer ocio? No, durante el ocio es que el cerebro superior informa al límbico que va a reparar. Ilustrémonos de la siguiente forma: Encender el fogón, cocinar y comer. No podemos cambiar el orden, Si no enciendes el fogón, no puedes cocinar y si no cocinas no puedes comer. Los trabajos con horarios rotativos son un desastre para nuestro balance cerebral.

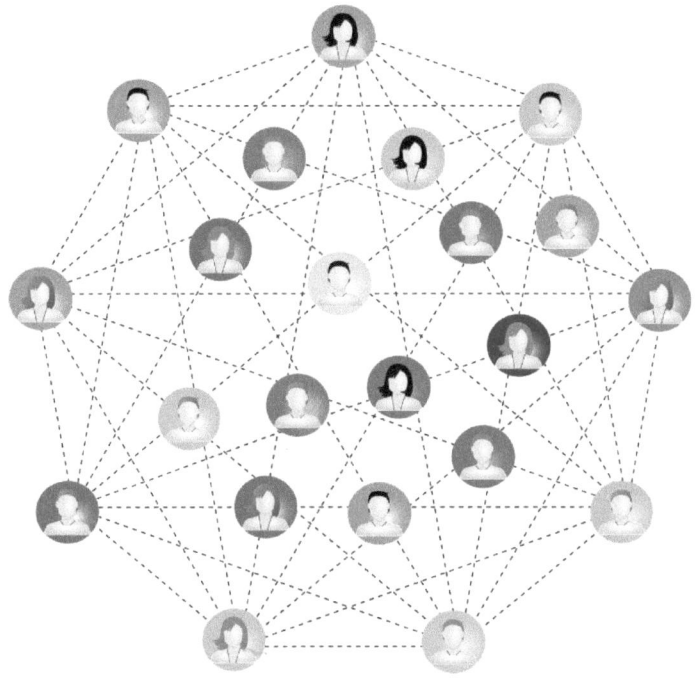

Las redes sociales

Contrario a lo que muchas personas piensan las redes sociales no tienen su origen en la segunda mitad de los años 90 del siglo XX, lo que ocurrió allí es la llegada de las redes al mundo virtual. Pero el estudio de este fenómeno se remonta a los años 1930, con la creación de los sociogramas por parte de Jacob Levy Moreno y Helen Hall Jennings, que dieron origen a la sociometría, un método usado para medir las relaciones sociales a partir de la relación entre las estructuras sociales y el bienestar psicológico de las personas.

El ser humano es un ser social. Cada individuo posee una personalidad que intentamos a toda costa concordar con la de las demás personas que nos rodean para convivir en sociedad. Este aprendizaje se llama proceso de socialización y es guiado por nuestro cerebro límbico en su lucha por hallar un entorno seguro donde podamos subsistir sin peligros.

Por eso hacemos amigos, eso nos acerca a la familia, a los compañeros de estudio, de trabajo e incluso a los vecinos.

Cuando vemos caras conocidas nuestro cerebro límbico ve tranquilidad y cuando vemos caras desconocidas inmediatamente lo que ve es precaución.

Por eso el hombre desde sus orígenes ha marcado los límites. Necesita marcar el territorio donde se haya seguro con su red social y de ahí salen las fronteras de los países, las provincias, los municipios, las parcelas con sus cercas que no protegen, pero delimitan.

Cuando nos sentamos en un transporte público como un autobús o el metro, siempre elegimos el asiento vacío, evitamos sentarnos al lado de un desconocido si hay sitio libre. Y si no nos queda más remedio que sentarnos al lado de un extraño, inmediatamente esa persona se corre y se acomoda, como mostrando, aquí está mi límite, no lo sobrepases.

Al ser humano le gusta agruparse y sentir que es aceptado. Desde niños nos organizamos en pandillas, de mayores en sindicatos, en organizaciones de masas, somos hinchas del futbol, o miembros del club náutico, jugamos al bingo o vamos a un club de abuelos, pero siempre, buscamos socializar con un grupo de personas que piensen como nosotros porque es allí donde nuestro cerebro cree que estamos seguros.

Partiendo de esta base, podemos intentar comprender mejor las redes sociales virtuales que han llegado para quedarse, que han revolucionado para siempre la forma de socializar de los seres humanos y que representan uno de los mayores paradigmas de la sociología contemporánea y del comportamiento organizacional. Muchas personas creen que todo esto comenzó con la llegada de Facebook en 2004, pero lo cierto es que no es así. Este fenómeno comenzó en los 90 cuando la web facilitó el acceso de un gran número de personas a Internet.

La primera red social virtual que existió fue Classmates. Fue creada en 1995 y buscaba conectar a través de Internet a ex compañeros de colegio y universidad. La idea gustó y le siguieron redes para reunir amigos y conocidos. Así surgieron SixDegrees, Friendster, LinkedIn o MySpace que llego a ser la red social más visitada en el mundo, sin embargo, con la llegada de Facebook algo cambió para siempre. ¿Cuál era el secreto?

Facebook cumplía con los requisitos exactos que pedía nuestro cerebro límbico. Era una red horizontal donde todos tenían cabida, pero al mismo tiempo podía ser vertical y permitir que la gente se agrupara según sus gustos lo que la convirtió en la preferida de todos.

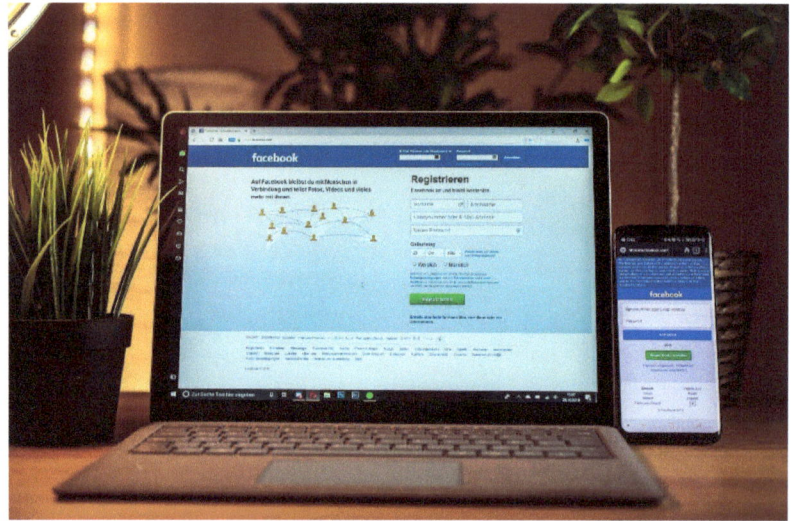

¿Qué hallábamos en una red social como esta? Amigos, muchos amigos, sin miedo a que traspasaran nuestra frontera física. Si alguien se pasaba, lo bloqueabas y listo, no tenías que volverle a ver. Peligro superado.

En la red el cerebro límbico estaba a sus anchas, todo el mundo era rico, todo el mundo viajaba, todo el mundo era amado, todo el mundo era feliz. Si cumplías años todos te felicitaban y si perdías un ser querido todos te daban el pésame, Facebook era la sociedad perfecta donde nadie era infeliz y el escaparate perfecto para venderle al mundo tu felicidad. Algo que el cerebro límbico recompensaba con dopamina y así las redes sociales se fueron convirtiendo en una droga. Y así, cuando el teléfono móvil se apodero de nuestras vidas, siguió abonándose el campo dando lugar a redes muy famosas como Youtube, Twitter, Instagram o Wasapp por solo mencionar algunos ejemplos.

Y de esta forma surgen comportamientos no antes vistos entre los seres humanos, por eso las redes hay que analizarlas con profundidad.

No cabe duda de que los humanos hoy vivimos más cerca gracias a las redes, pero hay ciertos comportamientos en las mismas que más que acercarnos a los demás, nos pueden alejar. Una de ellas es el egocentrismo cuando estamos siempre omnipresente en el perfil de los demás llegando a provocar a veces una situación incómoda. Es ese tipo de persona que cuando tenemos 20 notificaciones, al menos 15 son de ellos llegando a ser tedioso. Son personas deseosas de aceptación y comparten todo lo que ven. Recuerda que lo que para ti es interesante, no tiene necesariamente que serlo para los demás.

El egocentrismo en redes tiene muchas caras, hay quien publica todo el tiempo fotos suyas, que generalmente son de su rostro o de un cuerpo muy tonificado. Hay quien publica todo lo que come, hay quien te envía cartelitos con saludos cada día y te recuerda mil veces que te ama. También están los que publican textos provocativos como si tuvieran uno o muchos enemigos que seguramente lo van a leer, en fin, todo se vuelve repetitivo y al final pensamos: ¡Ay no, de nuevo tú!

Si un extremo es malo, el otro también lo es. Están los apáticos que te preguntas, ¿para qué tienen una red social? Jamás publican nada, ni siquiera tienen foto de perfil, y si la tiene su perfil es una flor, una bandera, una montaña o simplemente nada. Están los que les escribes y te ignoran. En esta gama están también aquellos que cierran constantemente sus redes, aunque luego las vuelvan a abrir o los que bajo ningún concepto aceptan en sus redes a alguien que no conocen.

Existe un tercer caso y son los monotémicos que intentan convertir en solamente vertical la red usándola con razones meramente políticas o religiosas. El proselitismo o los slogans políticos de todos los colores impregnan el portal de estas personas. A veces en vez de su foto, aparece la foto de un mártir, un líder, un escudo o una bandera. Otra forma es la de usar la red social para promocionar un negocio, una organización o una idea. Los monotémicos no hablan de otra cosa, cuando la cogen con un tema no tiene para cuando acabar, puede ser un país y su cultura, de futbol, de historia, de lo que sea, pero siempre el mismo tema.

Estos tres tipos de comportamientos, el egocentrismo, la apatía y el monotema, conllevan irremediablemente al rechazo de los demás. Son cosas que, si queremos ser aceptados por los demás, debemos evitar. De lo contrario nos enfrentamos a un rechazo virtual que nuestro cerebro límbico interpretará de la misma manera que lo hace con un rechazo físico, retirando las entregas de dopamina y sumiéndonos en la angustia.

Está claro que las redes sociales forman parte intrínseca del arte de acercar a los humanos, nos sirven para informarnos, para comunicar y compartir todo tipo de ideas o de información. No acercan a las personas, aunque estén lejos. Permite que estemos al tanto de todos nuestros amigos y familiares a la vez, cosa que antes era literalmente imposible. Podemos hacer nuevas amistades incluso buscar pareja o trabajo y sobre todo son una fuente inagotable de entretenimiento.

Pero no todo es luz en las redes sociales, también hay sombras aspectos negativos como el ciberacoso, la impunidad de la violencia virtual o la desinformación de las llamadas fake news son aspectos con los que tenemos que luchar, igual que lo hacemos con las malas conductas en la sociedad.

Antes de concluir con el fenómeno de las redes sociales y como nos acercan, también tocaremos un tema muy actual: La fama virtual. Los famosos youtubers, influenser, tiktokers, etc.

Antiguamente salir en la televisión y o en el cine era un lujo reservado para muy pocos, el común de los mortales tenía que conformarse con verlos al otro lado de la pantalla mientras su cerebro límbico soñaba con ser uno de ellos, porque ser famoso significaba dinero, lujo, oportunidades y exposición, lo que en impulsos neuronales se traducía en vivir más y mejor.

Pero con los adelantos de la técnica hoy todo el mundo puede grabarse y mostrarlo en redes al mundo y lo que es mejor, intentar ganar con ello dinero y fama. Por eso actualmente la "profesión de youtuber" se encuentra en el top de preferencias entre los adolescentes que pronto descubren que al igual que antes el pastel no alcanza para todos.

Y así el mundo se divide entre los que le muestran a los demás lo hermoso que es viajar, preparar postres, peinarse en las mañanas o cómo funciona un programa de ordenador con un tutorial y los que simplemente son seguidores e imitadores de su astro triunfador que se siente feliz en su papel de semidios. Al final, son los mismos mecanismos neuronales.

Uno domina a sus seguidores y se siente seguro y el otro sigue a su líder que lo guiará por el camino correcto y el arte de acercar a los humanos seguirá siendo el mismo, el arte de sobrevivir.

www.ingramcontent.com/pod-product-compliance
Lightning Source LLC
Chambersburg PA
CBHW040221220526
45473CB00001B/69